Arun Mozhi Devan Panneer Selvam

Sistema de assiduidade inteligente baseado no reconhecimento facial

Arun Mozhi Devan Panneer Selvam

Sistema de assiduidade inteligente baseado no reconhecimento facial

Imprint

Any brand names and product names mentioned in this book are subject to trademark, brand or patent protection and are trademarks or registered trademarks of their respective holders. The use of brand names, product names, common names, trade names, product descriptions etc. even without a particular marking in this work is in no way to be construed to mean that such names may be regarded as unrestricted in respect of trademark and brand protection legislation and could thus be used by anyone.

Cover image: www.ingimage.com

This book is a translation from the original published under ISBN 978-3-659-68627-6.

Publisher:
Sciencia Scripts
is a trademark of
Dodo Books Indian Ocean Ltd. and OmniScriptum S.R.L publishing group

120 High Road, East Finchley, London, N2 9ED, United Kingdom
Str. Armeneasca 28/1, office 1, Chisinau MD-2012, Republic of Moldova, Europe
Printed at: see last page
ISBN: 978-620-7-71456-8

Prefácio e agradecimentos

O reconhecimento facial, sendo considerado uma tecnologia fundamental da biometria, tem sido aplicado a uma variedade de áreas como a visão computacional, os sistemas de segurança (reconhecimento de padrões), a interação homem-máquina e o processamento de imagens. No mundo atual ligado em rede, a necessidade de manter a segurança da informação ou da propriedade física está a tornar-se cada vez mais importante e cada vez mais difícil. De tempos a tempos, ouvimos falar de crimes de fraude com cartões de crédito, de invasões de computadores por piratas informáticos ou de violações da segurança numa empresa ou num edifício governamental. No ano de 1998, os cibercriminosos sofisticados causaram prejuízos superiores a 100 milhões de dólares (Reuters, 1999). Na maior parte destes crimes, os criminosos aproveitaram-se de uma falha fundamental dos sistemas convencionais de controlo de acesso: os sistemas não concedem o acesso por "quem somos", mas sim por "o que temos", como cartões de identificação, chaves, senhas, números PIN ou nome de solteira da mãe. Nenhum destes meios nos define de facto. Pelo contrário, são apenas meios para nos autenticar. Escusado será dizer que se alguém roubar, duplicar ou adquirir estes meios de identificação, poderá aceder aos nossos dados ou aos nossos bens pessoais sempre que quiser.

Recentemente, tornou-se disponível uma tecnologia que permite verificar a "verdadeira" identidade individual. Esta tecnologia baseia-se num domínio denominado "biometria". O controlo de acesso biométrico é um método automatizado de verificação ou reconhecimento da identidade de uma pessoa viva com base em algumas características fisiológicas, como as impressões digitais ou os traços faciais, ou em alguns aspectos do comportamento da pessoa, como o seu estilo de escrita ou os padrões de digitação. Uma vez que os sistemas biométricos identificam uma pessoa através de características biológicas, são difíceis de falsificar. Nesta abordagem proposta, as características da imagem de consulta (imagem facial atual) e as imagens da base de dados (imagem facial armazenada) foram extraídas utilizando a extração de características pelo algoritmo de Viola Jones e treinadas utilizando RNA.

Neste método, os neurónios de saída são incrementados simultaneamente com o incremento dos padrões de entrada, começando com um pequeno número de neurónios de saída e uma única camada oculta com um número inicial de neurónios. Foram efectuadas experiências de reconhecimento facial utilizando redes neuronais artificiais como a MLP. O principal objetivo do método proposto é desenvolver um sistema de reconhecimento facial eficiente, melhorando a eficiência dos sistemas de reconhecimento facial existentes e também para o processo de sistema de atendimento seguro. Este sistema de atendimento utiliza o mapeamento das imagens com a base de dados e actualiza os dias de presença e também notifica a presença da pessoa externa.

Este livro não teria sido possível sem os esforços de muitas pessoas. Em primeiro lugar, quero agradecer ao meu irmão, P. Arulsivanantham, e aos meus amigos Logesh Kumar e Santosh Kumar, que deram um apoio inestimável para a conclusão deste livro. Gostaria também de agradecer aos meus colegas M.Nagarajapandian, K.Pooventhan, T.Anitha e M.Prabhakaran pela sua preciosa ajuda.

A nossa editora, Oxana Ciumacenco, da LAMBERT Academic Publishing (Imprint of Omni Scriptum GmbH & Co. KG), forneceu a orientação adequada desde o primeiro dia em que começámos a trabalhar nesta edição até à sua conclusão. Um agradecimento especial à Dra. V. Radhika, que orientou este trabalho com sucesso. Ela apoiou-nos nos momentos em que precisámos dela. Finalmente, agradeço o amor e o apoio da minha família. Tiveram de me aturar durante as muitas horas passadas a trabalhar neste livro.

Conteúdo

CAPÍTULO 1   4

CAPÍTULO 2   16

CAPÍTULO 3   20

CAPÍTULO 4   31

CAPÍTULO 5   45

CAPÍTULO 6   50

CAPÍTULO 1

INTRODUÇÃO

1.1 Sistema de reconhecimento facial

Um sistema de reconhecimento facial é uma aplicação informática capaz de identificar uma pessoa a partir de uma imagem digital ou de um fotograma de vídeo de uma fonte de vídeo. Uma das formas de o fazer é através da comparação de características faciais seleccionadas da imagem com uma base de dados facial. É normalmente utilizado em sistemas de segurança e pode ser comparado com outros sistemas biométricos, como os sistemas de reconhecimento de impressões digitais ou da íris dos olhos. Alguns algoritmos de reconhecimento facial identificam características faciais extraindo pontos de referência, ou características, de uma imagem do rosto do sujeito. Por exemplo, um algoritmo pode analisar a posição relativa, o tamanho e a forma dos olhos, do nariz, das maçãs do rosto e do maxilar. Estas características são depois utilizadas para procurar outras imagens com características correspondentes. Outros algoritmos normalizam uma galeria de imagens de rostos e depois comprimem os dados do rosto, guardando apenas os dados da imagem que são úteis para o reconhecimento do rosto. Uma imagem de sonda é então comparada com os dados do rosto. Um dos primeiros sistemas bem sucedidos baseia-se em técnicas de correspondência de modelos aplicadas a um conjunto de características faciais salientes, fornecendo uma espécie de representação facial comprimida.

Entre as diferentes técnicas biométricas, o reconhecimento facial pode não ser a mais fiável e eficiente. No entanto, uma das principais vantagens é o facto de não exigir a cooperação da pessoa a testar para funcionar. Sistemas corretamente concebidos e instalados em aeroportos, multiplexes e outros locais públicos podem identificar indivíduos no meio da multidão, sem que os transeuntes se apercebam do sistema. Outros dados biométricos, como as impressões digitais, a leitura da íris e o reconhecimento da fala, não podem efetuar este tipo de identificação em massa. A deteção e o reconhecimento do rosto humano colocam mais desafios do que a deteção de qualquer outro objeto, uma vez que a cor da pele e a expressão facial variam dinamicamente. No processo em tempo real, as condições de iluminação, a oclusão, a estrutura do fundo e as posições da câmara aumentam os desafios existentes. As técnicas de deteção de pessoas podem ser divididas em dois tipos: abordagens baseadas em sub-janelas e abordagens baseadas em partes. As abordagens baseadas em sub-janelas podem basear-se em diferentes tipos e combinações de características, tais como histogramas de gradientes orientados (HOG), matrizes de covariância e combinação de várias características e versões multi-nível de HOG.

1.2 Abordagens predominantes

Existem duas abordagens predominantes para o problema do reconhecimento facial: geométrica (baseada em características) e fotométrica (baseada em vistas). À medida que o interesse dos investigadores pelo reconhecimento de faces foi aumentando, foram desenvolvidos muitos algoritmos diferentes, três dos quais foram bem estudados na literatura sobre reconhecimento de faces: Análise de Componentes Principais (PCA), Análise Discriminante Linear (LDA) e Elastic Bunch Graph Matching (EBGM).

1.2.1 Análise de componentes principais (PCA)

Este método utiliza as faces Eigen, uma técnica criada por Kirby e Sirivich em 1988. Com a PCA, as imagens da sonda e da galeria têm de ter o mesmo tamanho e têm de ser primeiro normalizadas para alinhar os olhos e a boca dos sujeitos nas imagens. A abordagem PCA é depois utilizada para reduzir a dimensão dos dados através de técnicas básicas de compressão de dados e revela a estrutura de baixa dimensão mais eficaz dos padrões faciais. Esta redução das dimensões elimina a informação que não é útil e decompõe com precisão a estrutura do rosto em componentes ortogonais (não correlacionados) conhecidos como faces Eigen.

Cada imagem de rosto pode ser representada como uma soma ponderada (vetor de características) das faces Eigen, que são armazenadas numa matriz 1D. Uma imagem de sonda é comparada com uma imagem de galeria medindo a distância entre os respectivos vectores de características. A abordagem PCA exige normalmente que a face frontal completa seja apresentada de cada vez; caso contrário, a imagem resulta num fraco desempenho. A principal vantagem desta técnica é que pode reduzir os dados necessários para identificar o indivíduo a 1/1000th dos dados apresentados na Figura 1.1.

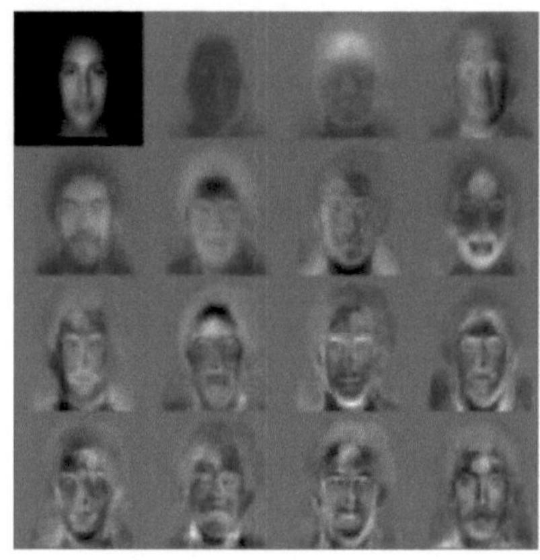

Figura 1.1 Faces Eigen normalizadas: Os vectores de características são derivados utilizando as faces Eigen.

1.2.2 Análise Discriminante Linear (LDA)

Trata-se de uma abordagem estatística para classificar amostras de classes desconhecidas com base em amostras de treino com classes conhecidas. Esta técnica visa maximizar a variância entre classes (ou seja, entre utilizadores) e minimizar a variância dentro da classe (ou seja, dentro do utilizador). Na Figura 1.2, onde cada bloco representa uma classe, existem grandes variâncias entre classes, mas pouca variância dentro das classes. Quando se lida com dados faciais de elevada dimensão, esta técnica enfrenta o problema da dimensão reduzida da amostra que surge quando há um pequeno número de amostras de treino disponíveis em comparação com a dimensionalidade do espaço de amostragem.

Figura 1.2 Exemplo de seis classes utilizando LDA

1.2.3 Correspondência de gráficos de cachos elásticos (EBGM)

Este método baseia-se no conceito de que as imagens de rostos reais têm muitas características não lineares que não são abordadas pelos métodos de análise linear discutidos anteriormente, tais como variações na iluminação (iluminação exterior vs. fluorescente interior), pose (em pé ou inclinado) e expressão (sorriso vs. carranca). Uma transformada de wavelet de Gabor cria uma arquitetura de ligação dinâmica que projecta o rosto numa grelha elástica apresentada na Figura 1.3.

O jato de Gabor é um nó na grelha elástica, assinalado por círculos na imagem abaixo, que descreve o comportamento da imagem em torno de um determinado pixel. É o resultado de uma convolução da imagem com um filtro de Gabor, que é utilizado para detetar formas e extrair características utilizando o processamento de imagens. (Uma convolução exprime a quantidade de sobreposição de funções, misturando as funções) O reconhecimento baseia-se na semelhança da resposta do filtro de Gabor em cada nó de Gabor.

Este método de base biológica que utiliza filtros de Gabor é um processo executado no córtex visual dos mamíferos superiores. A dificuldade deste método é a necessidade de uma localização exacta dos pontos de referência, que pode por vezes ser conseguida através da combinação dos métodos PCA e LDA.

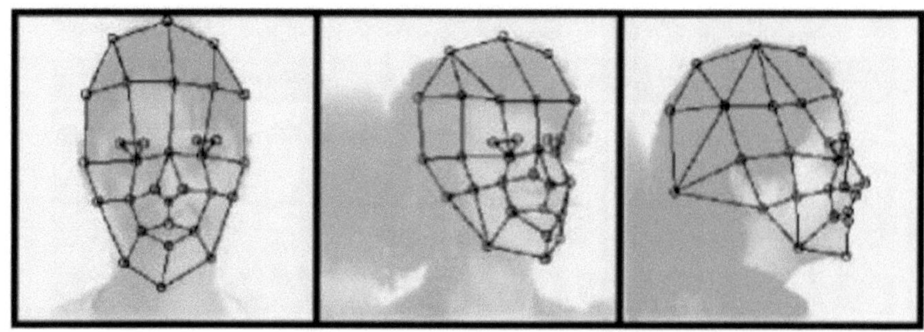

Figura 1.3 Gráfico do mapa de cachos elásticos

1.3 Os pontos de caraterística no rosto humano

Aplicando a propriedade visual humana no reconhecimento de rostos, as pessoas conseguem identificar rostos a uma distância muito grande, mesmo que os pormenores sejam vagos. Isto significa que a caraterística de simetria é suficiente para ser reconhecida. O rosto humano é composto por olhos, nariz, boca e queixo, etc. Existem diferenças na forma, tamanho e estrutura destes órgãos, pelo que os rostos diferem em milhares de aspectos, e podemos descrevê-los com a forma e a estrutura dos órgãos para os reconhecer. Um método comum é extrair a forma dos olhos, nariz, boca e queixo, e depois distinguir os rostos pela distância e escala desses órgãos. O outro método consiste em utilizar um modelo deformável para descrever a forma dos órgãos no rosto. Podemos identificar facilmente as características dos órgãos localizando os pontos característicos de uma imagem de rosto. Se normalizarmos as características que têm as propriedades de invariância de escala, translação e rotação, podemos normalizar as faces na base de dados através de pré-tratamento, de modo a alargar o alcance da base de dados, reduzir o armazenamento e reconhecer as faces de forma mais eficaz. Além disso, a seleção dos pontos característicos da face é crucial para o reconhecimento da face. Devemos selecionar os pontos de características que representam as características mais importantes do rosto e que podem ser extraídos facilmente.

O número de pontos característicos deve conter informação suficiente e não ser demasiado elevado. Se a base de dados tiver diferentes posturas de cada pessoa a reconhecer, a propriedade de invariância angular da caraterística geométrica é muito importante. Este documento apresentou um método para localizar os pontos de características vitais do rosto, que selecciona 9 pontos de características que têm a propriedade de invariância angular, incluindo 2 globos oculares, 4 cantos próximos e distantes dos olhos, o ponto médio das narinas e 2 cantos da boca, como se mostra na Figura 1.4. De acordo com estes pontos, podemos obter outros pontos de características estendidos por eles e as características dos órgãos do rosto que estão relacionados e são úteis para o reconhecimento do rosto.

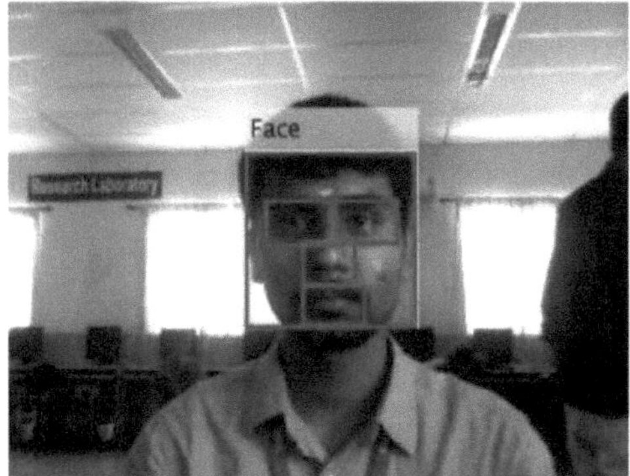

Figura 1.4 Os 9 pontos de características vitais do rosto

1.4 Etapas envolvidas no reconhecimento de rostos

O algoritmo de deteção tem duas etapas de processamento importantes: Captura, extração, comparação e correspondência. As abordagens baseadas na vista podem lidar com a deteção de rostos em cenas desordenadas e têm mostrado um grau razoável de sucesso quando alargadas para lidar com vistas não frontais. O seguinte processo de quatro fases ilustra o modo de funcionamento dos sistemas biométricos:

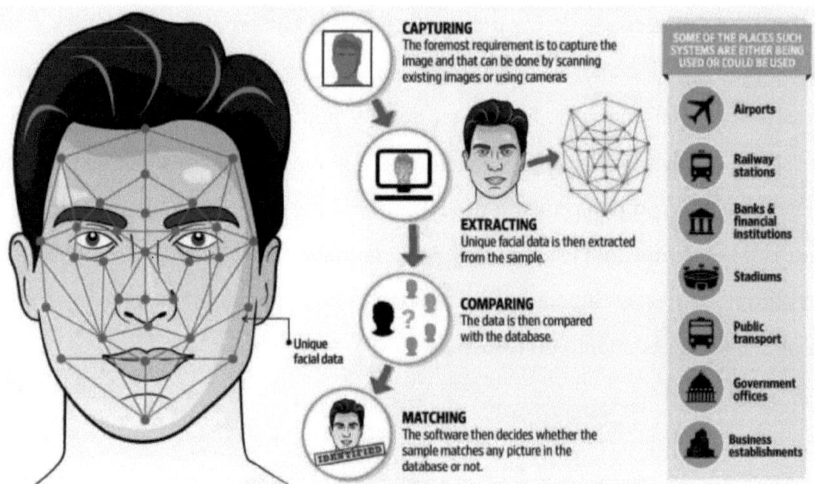

Figura 1.5 Etapas envolvidas no reconhecimento facial [15]

Captura - uma amostra física ou comportamental é capturada pelo sistema durante o registo

Extração - são extraídos dados únicos da amostra e é criado um modelo. Quando os dados de entrada para um algoritmo são demasiado grandes para serem processados e se suspeita que sejam notoriamente redundantes (por exemplo, a mesma medida em pés e metros), os dados de entrada são transformados num conjunto de características de representação reduzida (também designado por vetor de características). A transformação dos dados de entrada num conjunto de características é designada por extração de características. Se as características extraídas forem cuidadosamente escolhidas, espera-se que o conjunto de características extraia as informações relevantes dos dados de entrada, a fim de realizar a tarefa desejada utilizando esta representação reduzida em vez da entrada em tamanho real. A extração de características é realizada nos dados brutos antes de aplicar o algoritmo *k-NN aos* dados transformados em características.

Exemplo de um pipeline típico de computação de visão por computador para reconhecimento facial utilizando *k-NN,* incluindo extração de características e passos de pré-processamento de redução de dimensão.

1. Deteção facial Haar

2. Análise do seguimento do desvio médio

3. Projeção PCAouFisher LDAno espaço de características, seguida de classificação *k-NN*

Comparação - o modelo é então comparado com uma nova amostra

Correspondência - o sistema decide então se as características extraídas da nova amostra correspondem ou não quando o utilizador está de frente para a câmara, a cerca de 60 cm da mesma. O sistema localiza o rosto do utilizador e compara-o com a identidade reivindicada ou com a base de dados facial.

Para que o sistema de deteção de faces seja eficiente, é necessário que seja invariável às condições de iluminação, à cor da pele e à oclusão (como barba, máscara bucal, etc.). O sistema de deteção facial baseado em Haar para a deteção de pessoas, implementado neste trabalho, é uma técnica de deteção facial altamente robusta para imagens estáticas e supera estas variações. A motivação para a utilização da deteção facial Haar reside no facto de ser um sistema facilmente treinável para qualquer objeto. Para os sistemas de reconhecimento facial, estão disponíveis vários algoritmos de reconhecimento facial holísticos e baseados em características, como a análise de componentes principais (PCA), a análise discriminante linear de Fisher (FLDA), a análise de componentes principais de imagem (IMPCA) e a análise de componentes independentes (ICA).

Verifica-se que estes algoritmos de reconhecimento funcionam bem em ambientes limitados. No entanto, o reconhecimento de rostos continua a ser um problema em aberto e muito difícil nas aplicações do mundo real. A abordagem holística do reconhecimento de rostos tem a vantagem de captar de forma distinta as características mais proeminentes da imagem do rosto. No entanto, as desvantagens das abordagens holísticas são que o desempenho do reconhecimento pode ser significativamente afetado pela iluminação, orientação e escala. Por outro lado, as abordagens baseadas em características têm a vantagem de selecionar automaticamente as características faciais para identificar os indivíduos de forma única. Apresentam robustez no desempenho de reconhecimento apesar das variações nas condições de iluminação, expressões faciais e orientação.

1.5 Revisão da literatura

Amr El Maghraby et al (2013) sugeriram um método para um sistema híbrido de deteção de rostos utilizando uma combinação do método viola -jones e da deteção de pele. Utiliza um método de deteção de rostos cruzados que detecta instantaneamente rostos de baixa resolução em imagens fixas ou quadros de vídeo. Os resultados experimentais avaliaram vários métodos de deteção de rostos, fornecendo uma solução completa para a deteção de rostos com base em imagens com maior precisão, mostrando que o presente método diminuiu eficazmente a taxa de falsos positivos e, subsequentemente, aumentou a precisão do sistema de deteção de rostos em imagens fixas ou quadros de vídeo, especialmente em fundos complexos.

Chai Xet al (2007) propuseram um método de regressão localmente linear para o reconhecimento facial invariante em relação à pose. A variação da aparência facial devido ao ponto de vista (pose) degrada consideravelmente os sistemas de reconhecimento facial, o que constitui um dos pontos de estrangulamento no reconhecimento facial. Seguindo esta ideia, este documento propõe um novo método simples, mas eficiente, de regressão linear local (LLR), que gera a vista frontal virtual a partir de uma dada imagem facial não frontal. No LLR, começamos por efetuar uma amostragem densa na imagem facial não frontal para obter muitas manchas locais sobrepostas. Em seguida, a técnica de regressão linear é aplicada a cada pequena mancha para a previsão da sua mancha frontal virtual. Através da combinação de todas estas manchas, é gerada a vista frontal virtual.

Fatma Zohra Chelali e Amar Djeradi (2014) utilizaram um sistema de reconhecimento facial que utiliza uma rede neural com parametrização de Gabor e transformada wavelet discreta para uma abordagem baseada na geometria das características para o reconhecimento, que se baseia na relação entre as características faciais humanas, tais como os olhos, a boca, o nariz e os limites do rosto e a análise do subespaço. Os filtros de Gabor podem explorar propriedades visuais importantes, como a localização espacial, a seletividade de orientação e as características de frequência espacial. Uma grande vantagem proporcionada pelas wavelets é a capacidade de efetuar análises locais, ou seja, analisar uma área localizada de um sinal maior. O número de nós de saída é igual ao número de indivíduos registados. Finalmente, o número de nós ocultos é escolhido pelo utilizador.

Hayet Boughrara et al (2014) sugere a rede neural MLP utilizando um algoritmo de treino construtivo modificado Aplicação ao reconhecimento de rostos uma descrição facial baseada na visão biológica, nomeadamente as Imagens Faciais Percebidas "PFIs", aplicadas ao problema do reconhecimento de rostos. O objetivo deste artigo é utilizar a rede neural para classificar o rosto através de um novo algoritmo construtivo proposto para as redes "MLP". Na abordagem proposta, o número de neurónios de saída é aumentado à medida que os padrões de entrada são treinados de forma incremental até que todos os padrões dos dados de treino "TD" sejam aprendidos.

Ijaz Khan et al (2013) utilizaram um algoritmo eficiente de deteção dos olhos e da boca, combinando a viola jones com a deteção de píxeis da cor da pele. A técnica Viola Jones permite uma deteção exacta do rosto, mas consome mais tempo, ao passo que a técnica de deteção de píxeis da cor da pele consome menos tempo, mas carece de precisão. O nosso projeto é um híbrido de ambas as técnicas, o que aumenta a precisão e consome menos tempo. Viola Jones e outros métodos podem detetar rostos com precisão mas, no caso da deteção de características faciais, a sua precisão diminui. O objetivo desta investigação é sobretudo aumentar a precisão na deteção dos olhos e da boca, consumindo menos tempo.

Noura A. Semary e Ahmed Fawzi Gad (2014) propuseram um quadro para um sistema robusto de identificação de rostos, detectando o rosto a partir de duas sobrancelhas, seguidas de dois olhos e um nariz, depois uma boca e um queixo. Encontrar estas características num objeto é suficiente para garantir que se trata de um rosto humano. A estrutura proposta é um sistema híbrido que combina algoritmos de deteção de pele com sistemas de extração de características de inspiração biológica

(BIF) para obter resultados precisos na deteção de rostos. A equalização do histograma é necessária para facilitar o procedimento de deteção de pele, uma vez que a pele tem diferentes gamas. O nosso algoritmo detectou imagens a cores e em escala de cinzentos em condições variáveis. A taxa de sucesso na deteção de faces é de cerca de 96% e na identificação de faces é de 94%. A taxa de erro do nosso sistema foi de cerca de 10%.

Poonam Sharma et al (2014) propuseram o reconhecimento facial de pose invariante utilizando a rede neural de curvelets, um novo método de reconhecimento facial de pose invariante que combina o momento invariante de curvelets com a rede neural. Um conjunto especial de coeficientes estatísticos que utilizam momentos de ordem superior de curvelet é extraído como vetor de características e, em seguida, as características invariantes são introduzidas em redes neurais de curvelet. O reconhecimento supervisionado de rostos invariantes é conseguido através da convergência da rede neural utilizando a curvelet como função de ativação dos neurónios da camada oculta. Os resultados experimentais demonstram que as redes neuronais de ordem superior e de curvelets atingem uma maior precisão no reconhecimento de faces em todas as poses e convergem rapidamente do que as redes neuronais de retropropagação normais

Priyanka Dhoke e M.P.Parsai (2014) utilizam o reconhecimento facial baseado em MATLAB utilizando PCA com a rede neural BPN, que reduz a dimensionalidade da imagem facial através do PCA e o reconhecimento é efectuado pela BPNN para o reconhecimento facial. As características do PCA chamadas "Eigen faces" são extraídas das imagens armazenadas, que são combinadas com a Back Propagation Neural Network para o reconhecimento subsequente de novas imagens. Neste documento, propusemos um modelo matemático e um modelo computacional de reconhecimento de faces que é rápido, razoavelmente simples e preciso num ambiente restrito. O reconhecimento facial utilizando a face Eigen demonstrou ser exato e rápido

Ranjana Sikarwar et al (2015) utilizaram uma abordagem híbrida para a deteção de rostos e a extração de características, obtida pela combinação de três algoritmos bem conhecidos: o quadro de deteção de rostos de Viola-Jones e o método das redes neuronais para detetar rostos em imagens estáticas. O reconhecimento facial é um tipo de deteção biométrica que utiliza a medida fisiológica para identificar e detetar a face. Permite ao utilizador identificar passivamente a pessoa e as suas características utilizando a biometria. O trabalho proposto centra-se na deteção e identificação de faces utilizando o algoritmo de Viola-Jones, que é um sistema de deteção de faces em tempo real. As redes neuronais serão utilizadas como classificador entre rostos e não rostos.

Semary N.A. (2014) sugere um método de um quadro proposto para um sistema robusto de identificação facial. A estrutura proposta é composta por três fases básicas: deteção da pele do rosto (FSD), posicionamento das características faciais (FFP), extração de características representativas (RFE) e correspondência de faces (FM). Para a fase FSD, é utilizado o modelo de cor RGB-H-CbCr após um estudo comparativo entre diferentes modelos de cor. Após o posicionamento exato das características, as características representativas são calculadas utilizando os centros dos olhos, nariz e boca. Os resultados experimentais deste artigo mostram que o trabalho de enquadramento proposto identifica com precisão as pessoas da base de dados de rostos do Center for Vital Longevity. O sistema proposto pode identificar a pessoa correcta com 40 imagens guardadas com uma precisão de 98%, enquanto pode rejeitar pessoas erradas com uma precisão de 98,17%. A precisão global da identificação correcta atinge 98,14%.

CAPÍTULO 2
DIAGRAMA DE BLOCOS E DESCRIÇÃO

O diagrama de blocos proposto e a respectiva explicação são abordados neste capítulo

2.1 Diagrama de blocos

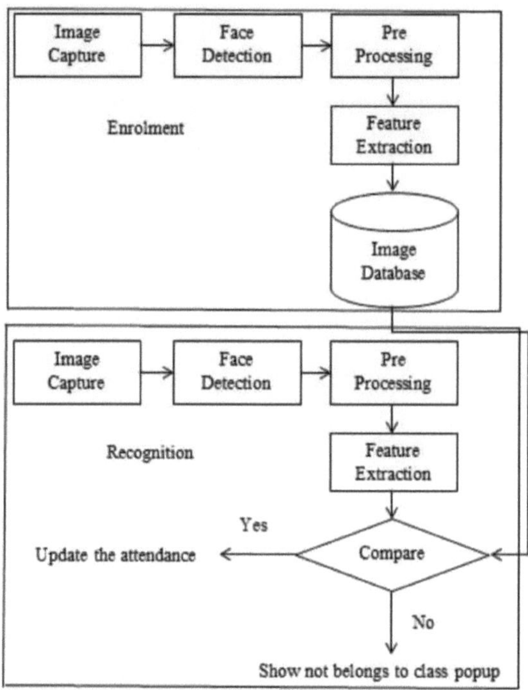

Figura 2.1 Diagrama de blocos do sistema de reconhecimento facial proposto

2.2 Descrição

O diagrama de blocos do sistema de reconhecimento facial é apresentado na Figura 2.1. A câmara começa a captar o vídeo e, a partir do vídeo, são obtidas imagens e detectados os rostos humanos. No módulo de reconhecimento de faces, para cada face detectada, o extrator de características calcula as distâncias faciais definidas utilizando o classificador KNN (algoritmo k-Nearest Neighbors).

16

Mede a estrutura facial global, incluindo as distâncias entre os olhos, o nariz, a boca e os bordos do maxilar. Estas medidas são guardadas numa base de dados e utilizadas como comparação quando um utilizador se apresenta perante a câmara. Esta biometria tem sido amplamente, e talvez de forma exagerada, apresentada como um sistema fantástico para reconhecer potenciais ameaças (sejam elas terroristas, burlões ou criminosos conhecidos), mas até à data não tem tido grande aceitação em utilizações de alto nível. Prevê-se que a tecnologia de reconhecimento facial biométrico ultrapasse em breve a biometria das impressões digitais como a forma mais popular de autenticação de utilizadores.

Todos os rostos têm numerosos pontos de referência distinguíveis, os diferentes picos e vales que constituem os traços faciais. Cada rosto humano tem aproximadamente 80 pontos nodais. Alguns destes pontos medidos pela tecnologia de reconhecimento facial são:

- Distância entre os olhos
- Largura do nariz
- Profundidade das órbitas oculares
- A forma das maçãs do rosto
- O comprimento da linha da mandíbula

Estes pontos nodais são medidos, criando um código numérico, designado por impressão facial, que representa o rosto na base de dados. É possível que o utilizador tenha de se deslocar e tentar novamente a verificação com base na sua posição facial. O sistema chega normalmente a uma decisão em menos de 5 segundos. As fases de processamento serão as seguintes:

1. Detetar posições da face

2. Normalizar as faces

3. Recolher características para cada rosto detectado

4. Alimentar um algoritmo de aprendizagem automática com as características

Passo 1: O algoritmo de deteção de faces de Viola e Jones adquire a imagem a partir do vídeo e a imagem adquirida é bastante fiável, sendo também mais rápida a taxa de extração. Os rostos encontrados podem ter brilho, contraste e tamanhos diferentes.

Passo 2: Para simplificar o processamento, todas as imagens são escaladas para o mesmo tamanho e as diferenças de exposição são compensadas (por exemplo, utilizando a equalização do histograma).

Passo 3: Nesta fase, os detectores de rostos encontram posições específicas (centro dos olhos, extremidade do nariz, extremidade dos lábios, etc.) e utilizam as distâncias geométricas e os ângulos entre elas como características para o reconhecimento. Uma abordagem mais recente, "Eigen faces", baseia-se no facto de as imagens de rostos poderem ser aproximadas como uma combinação linear de imagens de base (encontradas através de PCA a partir de um grande conjunto de imagens de treino).

Os factores lineares desta aproximação podem ser utilizados como características. Esta abordagem também pode ser aplicada a partes do rosto (olhos, nariz e boca) individualmente. Funciona melhor se a pose entre todas as imagens for a mesma. Se alguns rostos olharem para a esquerda e outros olharem para cima, não funcionará tão bem.

Passo 4: Relativamente simples, temos um conjunto de números para cada rosto e para as imagens de rostos adquiridas durante o treino, e queremos encontrar o rosto de treino que é "mais semelhante" ao rosto de teste atual. É isso que os algoritmos de aprendizagem automática fazem. O algoritmo mais comum é a máquina de vectores de suporte (SVM). Outras opções são, por exemplo, as redes neurais artificiais ou os k-vizinhos mais próximos. Se as características forem boas, a escolha do algoritmo de aprendizagem automática não terá grande importância.

Treinar um modelo de rede neural significa essencialmente selecionar um modelo do conjunto de modelos permitidos que minimize o critério de custo. A maioria dos algoritmos usados no treinamento de redes neurais artificiais emprega alguma forma de descida de gradiente, usando a retropropagação para calcular os gradientes reais. Para tal, basta tomar a derivada da função de custo em relação aos parâmetros da rede e, em seguida, alterar esses parâmetros numa direção relacionada com o gradiente.

Os algoritmos de treino de retropropagação são geralmente classificados em três categorias: descida mais íngreme (com taxa de aprendizagem variável, com taxa de aprendizagem variável e momento, retropropagação resiliente), quase-Newton (Broyden-Fletcher-Goldfarb-Shanno, secante de um passo, Levenberg-Marquardt) e gradiente conjugado (atualização de Fletcher-Reeves, atualização de Polak-Ribiere, reinício de Powell-Beale, gradiente conjugado escalonado). Os métodos evolutivos, a programação da expressão genética, o recozimento simulado, a maximização da expetativa, os métodos não paramétricos e a otimização por enxame de partículas são alguns dos métodos habitualmente utilizados para treinar redes neuronais.

Uma RNA é tipicamente definida por três tipos de parâmetros:

1. O padrão de interconexão entre as diferentes camadas de neurónios

2. O processo de aprendizagem para atualizar os pesos das interligações

3. A função de ativação que converte a entrada ponderada de um neurónio na sua ativação de saída.

CAPÍTULO 3
ESPECIFICAÇÕES DE SOFTWARE

A implementação em tempo real é efectuada utilizando o software MATLAB e os seus pormenores são discutidos neste capítulo.

3.1 Introdução ao MATLAB

O nome MATLAB significa MATrix LABoratory. O MATLAB foi originalmente escrito para proporcionar um acesso fácil ao software matricial desenvolvido pelos projectos UNPACK (pacote de sistemas lineares) e EISPACK (pacote de sistemas Eigen). O MATLAB é uma linguagem de alto nível e um ambiente interativo que permite realizar tarefas de computação intensiva mais rapidamente do que com as linguagens de programação tradicionais, como C, C++ e FORTRAN. O MATLAB é uma linguagem de elevado desempenho para a computação técnica. Integra computação, visualização e ambiente de programação. O MATLAB é um sistema interativo cujo elemento de dados básico é uma matriz que não necessita de ser dimensionada. Tem também comandos gráficos fáceis de utilizar que tornam a visualização dos resultados imediatamente disponível. As aplicações específicas são reunidas em pacotes designados por toolbox. Existem caixas de ferramentas para processamento de sinais, computação simbólica, teoria de controlo, simulação, otimização e vários outros domínios da ciência e engenharia aplicadas.

3.2 Processamento de imagens

A Image Processing Toolbox™ fornece um conjunto abrangente de referência algoritmos, funções e aplicações padrão para processamento de imagem, análise, visualização e desenvolvimento de algoritmos. Podemos efetuar análise de imagens, segmentação de imagens, melhoramento de imagens, redução de ruído, transformações geométricas e registo de imagens. Muitas funções da caixa de ferramentas suportam processadores multicore, GPUs e geração de código C. A Caixa de Ferramentas de

Processamento de Imagem suporta um conjunto diversificado de tipos de imagem, incluindo alta gama dinâmica, resolução gigapixel, perfil ICC incorporado e tomografia. As funções e aplicações de visualização permitem-nos explorar imagens e vídeos, examinar uma região de pixéis, ajustar a cor e o contraste, criar contornos ou histogramas e manipular regiões de interesse (ROIs).

A caixa de ferramentas suporta fluxos de trabalho para processar, apresentar e navegar em imagens de grandes dimensões. É o processamento de imagens utilizando operações matemáticas através de qualquer forma de processamento de sinais em que a entrada é uma imagem, como uma fotografia ou um fotograma de vídeo; a saída do processamento de imagens pode ser uma imagem ou um conjunto de características ou parâmetros relacionados com a imagem. A maioria das técnicas de processamento de imagem envolve o tratamento da imagem como um sinal bidimensional e a aplicação de técnicas normais de processamento de sinal. O processamento de imagens refere-se normalmente ao processamento digital de imagens, mas também é possível o processamento ótico e analógico de imagens. Este artigo trata de técnicas gerais que se aplicam a todos eles.

A aquisição de imagens (que produz a imagem de entrada em primeiro lugar) é designada por imagiologia. A computação gráfica e a visão por computador estão intimamente relacionadas com o processamento de imagens. Na computação gráfica, as imagens são criadas manualmente a partir de modelos físicos de objectos, ambientes e iluminação, em vez de serem adquiridas (através de dispositivos de imagem, como as câmaras) a partir de cenas naturais, como acontece na maioria dos filmes de animação. A visão por computador, por outro lado, é frequentemente considerada como um processamento de imagem de alto nível, a partir do qual uma máquina, um computador e um software pretendem descodificar o conteúdo físico de uma imagem ou de uma sequência de imagens (por exemplo, vídeos ou exames de ressonância magnética 3D de corpo inteiro).

Nas ciências e tecnologias modernas, as imagens também ganham um âmbito muito mais alargado devido à importância crescente da visualização científica (de dados científicos/experimentais complexos e frequentemente em grande escala). Os exemplos incluem os dados de microarray na investigação genética, ou a negociação em tempo real de carteiras de activos múltiplos em finanças.

3.3 Caixa de ferramentas de processamento de imagens

A caixa de ferramentas de processamento de imagem é uma coleção de funções que ampliam a capacidade do ambiente de computação numérica MATLAB mostrado na Figura 3.1. A caixa de ferramentas suporta uma vasta gama de operações de processamento de imagem. A caixa de ferramentas de processamento de imagem fornece um conjunto de ferramentas que nos permitem visualizar e manipular imagens. Algumas coisas clássicas que a Caixa de Ferramentas de Processamento de Imagens nos permite fazer são:

- Equalização de histograma (imhist)
- Filtragem (imfilter)
- Transformada rápida de Fourier (fft2)
- Conversão de imagens a cores para tons de cinzento (rgb2gray)
- Deteção de arestas (arestas)

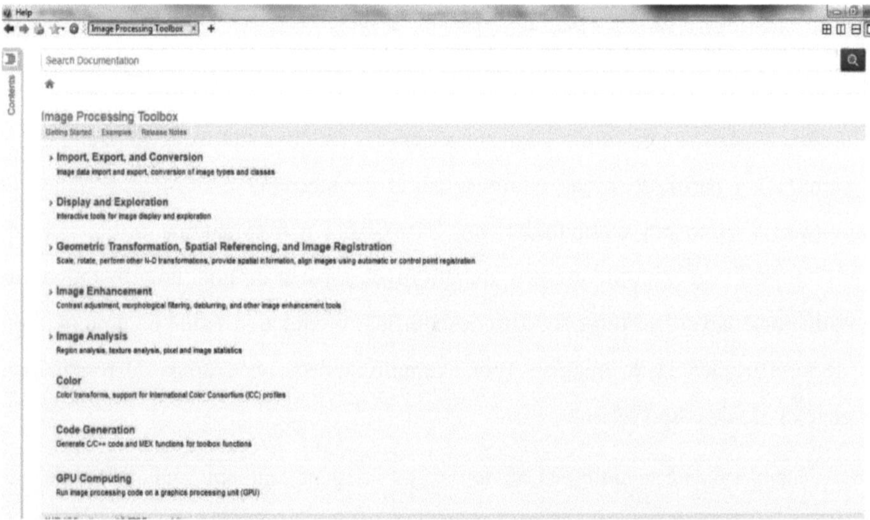

3.3.1 Principais características da caixa de ferramentas de processamento de imagens

- Análise de imagens, incluindo segmentação, morfologia, estatística e medição
- Melhoria, filtragem e desfocagem de imagens
- Transformações geométricas e métodos de registo de imagens baseados na intensidade
- Transformações de imagem, incluindo FFT, DCT, Radon e projeção de feixe em leque
- Fluxos de trabalho de imagens de grandes dimensões, incluindo processamento de blocos, colocação em mosaico e visualização em várias resoluções
- Aplicações de visualização, incluindo o Visualizador de Imagens e o Visualizador de Vídeos
- Suporte de geração de código C e funções habilitadas para multicore e GPU

3.3.2 Ler e apresentar uma imagem

- Há uma série de fotografias que fazem parte do conjunto de ferramentas de processamento de imagem. Para obter a lista de imagens e créditos, temos de escrever help imdemos ou doc imdemos
- Se quisermos ver qualquer uma destas fotografias, podemos utilizar o imshow, que abre uma janela separada com a imagem. Por exemplo:

```
> imshow('futebol.jpg');
> imshow('coins.png');
> imshow('outono.tif);
> imshow('board.tif);
```

- Se quisermos modificar ou melhorar uma destas imagens, devemos armazená-la numa matriz temporária. Podemos fazer isto utilizando imread. Por exemplo, para criar uma matriz I que contém a informação sobre uma imagem chamada pout.tif, utilizamos a seguinte sintaxe:

I=imread ('pout.tif[l]);

Em seguida, visualize a imagem em

1: imshow (I);

- A Tabela 3.1 seguinte tem como objetivo resumir os comandos que podemos utilizar para ler ou apresentar imagens

Tabela 3.1 Comandos de leitura e escrita de imagens

Command	Description
I=imread('filename');	Reads a picture stored in 'filename' and stores it in I
imshow(I)	Displays the image stored in I in a separate window
imtool(I)	Displays the image. Allows us to look at pixel values in a region, etc.

3.3.3 Diferentes Formatos de Conversão de Imagens

A Tabela 3.2 seguinte mostra como converter entre os diferentes formatos acima referidos. Todos estes comandos requerem a caixa de ferramentas de processamento de imagem. O comando mat2gray é útil se tivermos uma matriz que representa uma imagem mas os valores que representam a escala de cinzentos variam entre, digamos, 0 e 1000. O comando mat2gray redimensiona automaticamente todas as entradas para que fiquem entre 0 e 255 (se usarmos a classe uint8) ou 0 e 1 (se usarmos a classe double).

3.3.4 Recursos adicionais doImage Processing Toolbox

- E/S de ficheiros de imagem

- Transformações espaciais

- Valores de pixéis e estatísticas

- Análise de imagem

- Aritmética de imagens

- Melhoria da imagem

- Registo de imagens

- LinearFiltragem

- Linear2-DFilterDesign

- Transformações de imagem

- Processamento de bairros e quarteirões

- Operações Morfológicas (Intensidade e Imagens Binárias)

- Operações Morfológicas (Imagens Binárias)

- Criação e manipulação de elementos de estruturação (STREL)

- Desembaçamento

- Operações de matriz

- Processamento baseado em regiões

- Manipulação do mapa de cores

- Conversões de espaço de cor

- Tipos de imagem e conversões de tipo

Tabela 3.2 Diferentes formatos de conversão de imagens

Image format conversion Operation	MATLAB command
Convert between intensity/indexed/RGB format to binary format.	dither()
Convert between intensity format to indexed format.	gray2ind()
Convert between indexed format to intensity format.	ind2gray()
Convert between indexed format to RGB format.	ind2rgb()
Convert a regular matrix to intensity format by scaling.	mat2gray()
Convert between RGB format to intensity format.	rgb2gray()
Convert between RGB format to indexed format.	rgb2ind()
Convert image to binary image.	im2bw()

3.4 Redes neurais

Na aprendizagem automática e nas ciências cognitivas, as redes neuronais artificiais (RNA) são uma família de modelos estatísticos de aprendizagem inspirados nas redes neuronais biológicas (os sistemas nervosos centrais dos animais, em particular o cérebro) e são utilizadas para estimar ou aproximar funções que podem depender de um grande número de entradas e que são geralmente desconhecidas. As redes neuronais artificiais são geralmente apresentadas como sistemas de "neurónios" interligados que trocam mensagens entre si. As ligações têm pesos numéricos que podem ser ajustados com base na experiência, tornando as redes neuronais adaptáveis aos dados e capazes de aprender.

Por exemplo, uma rede neuronal para reconhecimento de escrita é definida por um conjunto de neurónios de entrada que podem ser activados pelos pixels de uma imagem de entrada. Depois de ponderadas e transformadas por uma função (determinada pelo projetista da rede), as activações destes neurónios são transmitidas a outros neurónios. Este processo repete-se até que, finalmente, é ativado um neurónio de saída. Este determina qual o carácter que foi lido. Tal como outros métodos de aprendizagem automática - sistemas que aprendem com os dados - as redes neuronais têm sido utilizadas para resolver uma grande variedade de tarefas que são difíceis de resolver utilizando a programação normal baseada em regras, incluindo a visão por computador e o reconhecimento de voz

3.4.1 Caixa de ferramentas da rede neural

Existem quatro formas de utilizar o software Neural Network Toolbox™, como mostra a Figura 3.2

- A primeira forma é através das suas ferramentas. Podemos abrir qualquer uma destas ferramentas a partir de uma ferramenta mestre iniciada pelo comando nnstart. Estas ferramentas fornecem uma forma conveniente de aceder às capacidades da caixa de ferramentas para as seguintes tarefas:

> Ajuste de funções (nftool)

> Reconhecimento de padrões (nprtool)

> Agrupamento de dados (nctool)

> Análise de séries temporais (ntstool)

- A segunda forma de utilizar a caixa de ferramentas é através de operações básicas de linha de comandos. As operações de linha de comando oferecem mais flexibilidade do que as ferramentas, mas com alguma complexidade acrescida. Além disso, as ferramentas podem gerar scripts de código MATLAB® documentado para lhes fornecer modelos para a criação das nossas próprias funções de linha de comandos personalizadas. O processo de utilizar primeiro as ferramentas e, em seguida, gerar e modificar scripts MATLAB, é uma excelente forma de aprender sobre a funcionalidade da caixa de ferramentas

- A terceira forma de utilizar a caixa de ferramentas é através da personalização. Esta capacidade avançada permite-nos criar as nossas próprias redes neuronais personalizadas, sem deixar de ter acesso a todas as funcionalidades da caixa de ferramentas. Podemos criar redes com conexões arbitrárias, e ainda podemos treiná-las usando as funções de treinamento existentes na caixa de ferramentas (desde que os componentes da rede sejam diferenciáveis).

- A quarta forma de utilizar a caixa de ferramentas é através da capacidade de modificar qualquer uma das

funções contidas na caixa de ferramentas. Cada componente computacional é escrito em código MATLAB e é totalmente acessível.

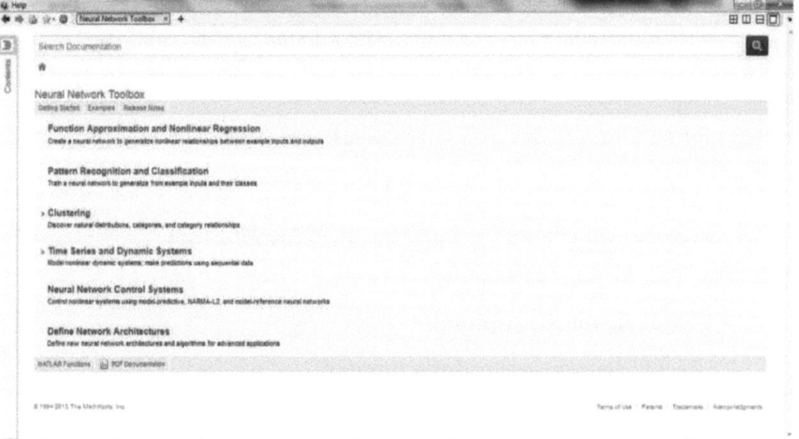

Figura 3.2 Caixa de ferramentas da rede neural

Estes quatro níveis de utilização da caixa de ferramentas abrangem desde o principiante ao especialista: as ferramentas simples guiam o novo utilizador através de aplicações específicas e a personalização da rede permite aos investigadores experimentar novas arquitecturas com um esforço mínimo. Qualquer que seja o nosso nível de conhecimento sobre redes neuronais e MATLAB, há certas características da caixa de ferramentas que se adaptam às nossas necessidades.

3.4.2 Geração automática de scripts

As próprias ferramentas constituem uma parte importante do processo de aprendizagem do software Neural Network Toolbox. Elas guiam-nos através do processo de conceção de redes neuronais para resolver problemas em quatro áreas de aplicação importantes, sem necessidade de qualquer experiência em redes neuronais ou sofisticação na utilização do MATLAB. Além disso, as ferramentas podem gerar automaticamente scripts MATLAB simples e avançados que podem reproduzir as etapas executadas pela ferramenta, mas com a opção de substituir as configurações padrão. Estes guiões podem fornecer-nos modelos para criar código personalizado e podem ajudar-nos a familiarizarmo-nos com a funcionalidade da linha de comandos da caixa de ferramentas. Recomenda-se vivamente a utilização da funcionalidade de geração automática de scripts destas ferramentas.

3.4.3 Vantagens e aplicações da rede neural

A maior vantagem das RNAs é a sua capacidade de serem utilizadas como um mecanismo de aproximação de funções arbitrárias que "aprende" com os dados observados. No entanto, a sua utilização não é assim tão simples, sendo essencial um conhecimento relativamente bom da teoria subjacente.

- Escolha do modelo: Depende da representação dos dados e da aplicação. Modelos demasiado complexos tendem a causar problemas de aprendizagem.
- Algoritmo de aprendizagem: Existem inúmeros compromissos entre os algoritmos de aprendizagem. Quase todos os algoritmos funcionam bem com os hiperparâmetros correctos para a formação num determinado conjunto de dados fixos. No entanto, a seleção e a afinação de um algoritmo para a formação em dados não vistos requer uma quantidade significativa de experiências.
- Robustez: Se o modelo, a função de custo e o algoritmo de aprendizagem forem seleccionados de forma adequada, a RNA resultante pode ser extremamente robusta.

Com a implementação correcta, as RNA podem ser utilizadas naturalmente na aprendizagem em linha e em aplicações com grandes conjuntos de dados. A sua implementação simples e a existência de dependências maioritariamente locais exibidas na estrutura permitem implementações rápidas e paralelas em hardware.

As tarefas a que se aplicam as redes neuronais artificiais tendem a enquadrar-se nas seguintes grandes categorias

- Aproximação de funções ou análise de regressão, incluindo aproximação e modelação da aptidão para a previsão de séries cronológicas.
- Classificação, incluindo reconhecimento de padrões e sequências, deteção de novidades e tomada de decisões sequenciais.
- Processamento de dados, incluindo filtragem, agrupamento, separação cega de fontes e compressão.
- Robótica, incluindo manipuladores de direção, próteses.
- Controlo, incluindo controlo numérico por computador.

As áreas de aplicação incluem a identificação e o controlo de sistemas (controlo de veículos, previsão de trajectórias, controlo de processos, gestão de recursos naturais), química quântica, jogos e tomada de decisões (gamão, xadrez, póquer), reconhecimento de padrões (sistemas de radar, identificação facial, reconhecimento de objectos, etc.), reconhecimento de sequências (gestos, fala, reconhecimento de texto escrito à mão), diagnóstico médico, aplicações financeiras (por exemplo, automatizadas), extração de dados (ou descoberta de conhecimentos em bases de dados, "KDD"), visualização e filtragem de spam de correio eletrónico.

CAPÍTULO 4
ALGORITMO E METODOLOGIA UTILIZADOS

A criação de um programa requer o cumprimento de determinados métodos; do mesmo modo, foram discutidos os métodos e o algoritmo utilizados para o reconhecimento facial

4.1 Algoritmo de Viola Jones

A estrutura de deteção de objectos de Viola e Jones é a primeira estrutura de deteção de objectos a fornecer taxas competitivas de deteção de objectos em tempo real, proposta em 2001 por Paul Viola e Michael.

O problema a resolver é a deteção de rostos numa imagem. Um ser humano pode fazer isso facilmente, mas um computador precisa de instruções e restrições precisas. Para tornar a tarefa mais fácil de gerir, Viola-Jones requer rostos verticais frontais de vista completa. Assim, para ser detectado, todo o rosto deve apontar para a câmara e não deve estar inclinado para nenhum dos lados.

Embora pareça que estes constrangimentos podem diminuir um pouco a utilidade do algoritmo, porque o passo de deteção é mais frequentemente seguido de um passo de reconhecimento, na prática estes limites de pose são bastante aceitáveis.

4.1.1 Tipos de características e avaliação

As características do algoritmo de Viola-Jones que o tornam um bom algoritmo de deteção são

- Robusto - taxa de deteção muito elevada (taxa de verdadeiros positivos) e taxa de falsos positivos sempre muito baixa.
- Tempo real - Para aplicações práticas, devem ser processados pelo menos 2 fotogramas por segundo.
- Apenas deteção de rostos (não reconhecimento) - O objetivo é distinguir rostos de não rostos (a deteção é o primeiro passo no processo de reconhecimento).

O algoritmo tem quatro fases:

1. Seleção de características Haar
2. Criar uma imagem integral
3. Treino AdaBoost
4. Classificadores em cascata

As características procuradas pela estrutura de deteção envolvem universalmente as somas dos pixels da imagem em áreas rectangulares. Como tal, têm alguma semelhança com as funções de base Haar, que foram utilizadas anteriormente no domínio da deteção de objectos com base em imagens. No entanto, uma vez que todas as características utilizadas por Viola e Jones dependem de mais do que uma área retangular, são geralmente mais complexas. A figura à direita ilustra os quatro tipos diferentes de características utilizadas na estrutura. O valor de uma dada caraterística é sempre simplesmente a soma dos pixels dentro dos rectângulos claros subtraída da soma dos pixels dentro dos rectângulos sombreados. Como é de esperar, as características rectangulares deste tipo são bastante primitivas quando comparadas com alternativas como os filtros orientáveis. Embora sejam sensíveis a características verticais e horizontais, a sua reação é consideravelmente mais grosseira.

1. Características Haar - Todos os rostos humanos partilham algumas propriedades semelhantes. Estas regularidades podem ser comparadas utilizando características Haar.

Algumas propriedades comuns aos rostos humanos:

- A zona dos olhos é mais escura do que a parte superior das bochechas.
- A região do dorso do nariz é mais luminosa do que os olhos.

Composição das propriedades que formam os traços faciais correspondentes:

- Localização e tamanho: olhos, boca, dorso do nariz
- Valor: gradientes orientados das intensidades dos píxeis

As quatro características correspondentes a este algoritmo são então procuradas na imagem de um rosto (mostrada na Figura 4.1 abaixo).

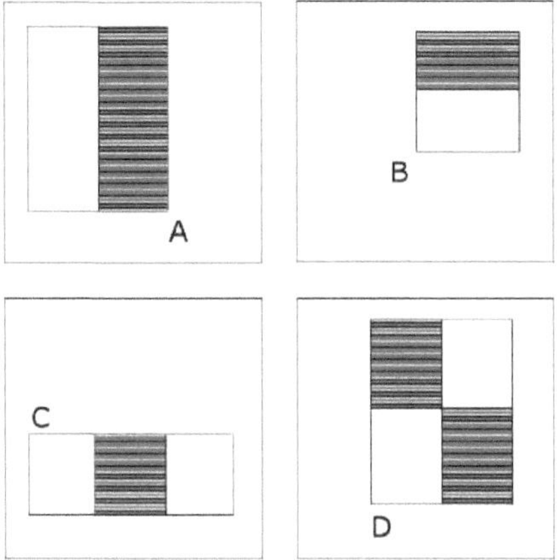

Figura 4.1 Tipos de elementos utilizados por Viola Jones

Retângulo características:

- Valor = Σ (pixéis na área preta) - Σ (pixéis na área branca)
- Três tipos: dois, três e quatro rectângulos; Viola & Jones utilizaram características de dois rectângulos
- Por exemplo: a diferença de brilho entre os rectângulos branco e preto numa área específica
- Cada caraterística está relacionada com uma localização especial na sub-janela

2. Uma representação de imagem designada por imagem integral avalia as características rectangulares em tempo constante, o que lhes confere uma vantagem considerável em termos de velocidade relativamente a características alternativas mais sofisticadas. Como a área retangular de cada elemento é sempre adjacente a pelo menos um outro retângulo, qualquer elemento com dois rectângulos pode ser calculado em seis referências de matriz, qualquer elemento com três rectângulos em oito e qualquer elemento com quatro rectângulos em dez. A imagem integral na posição (x, y) é a soma dos pixels acima e à esquerda de (x, y), inclusive.

4.1.2 Algoritmo de aprendizagem

No entanto, a velocidade com que as características podem ser avaliadas não compensa adequadamente o seu número. Por exemplo, numa janela padrão de 24x24 pixéis subM$^{=162,336}$, há um total de características possíveis, e seria proibitivamente dispendioso avaliá-las todas ao testar uma imagem. Assim, a estrutura de deteção de objectos utiliza uma variante do algoritmo de aprendizagem AdaBoost para selecionar as melhores características e para treinar classificadores que as utilizam. Este algoritmo constrói um classificador "forte" como uma combinação linear de classificadores "fracos" simples ponderados.

$$h(\mathbf{x}) = \text{sign}\left(\sum_{j=1}^{M} \alpha_j h_j(\mathbf{x})\right) \tag{4.1}$$

Cada classificador fraco é uma função de limiar baseada na caraterística f_j.

$$h_j(\mathbf{x}) = \begin{cases} -s_j & \text{if } f_j < \theta_j \\ s_j & \text{otherwise} \end{cases} \tag{4.2}$$

O valor limiar θ_j e a polaridade $s_j \in \pm 1$ são determinados na formação, bem como os coeficientes α_j.

Aqui é apresentada uma versão simplificada do algoritmo de aprendizagem:

Entrada: Conjunto de N imagens de treino positivas e negativas com as respetivas etiquetas $(\mathbf{x}^i, y^i)$.

Se a imagem for jisaface $y^i = 1$, se não for $y^i = -1$.

$$w_1^i = \frac{1}{N}$$

1. Inicialização: atribuir um peso a cada imagem i .

2. Para cada caraterística f_j com $j = 1, ..., M$

i. Renormalizar os pesos de modo a que a sua soma seja igual a um.

ii. Aplicar a caraterística a cada imagem do conjunto de treino e, em seguida, encontrar o limiar ótimo e a polaridade θ_j, s_j que minimiza o erro de classificação ponderado. Ou seja, onde

$$\theta_j, s_j = \arg\min_{\theta,s} \sum_{i=1}^{N} w_j^i \varepsilon_j^i \qquad \varepsilon_j^i = \begin{cases} 0 & \text{if } y^i = h_j(\mathbf{x}^i, \theta_j, s_j) \\ 1 & \text{otherwise} \end{cases}$$

$$(4.3)$$

iii. Atribuir um peso α_j a h_j que é inversamente proporcional à taxa de erro. Desta forma, os melhores classificadores são mais considerados.

iv. Os pesos para a iteração seguinte, i.e. w_{j+1}^i, são reduzidos para as imagens i que foram corretamente classificadas.

3. Definir o classificador final para $h(\mathbf{x}) = \text{sign}\left(\sum_{j=1}^{M} \alpha_j h_j(\mathbf{x})\right)$ (4.4)

4.1.3 Arquitetura em cascata

- Em média, apenas 0,01% de todas as sub-janelas são positivas (rostos)
- O tempo de computação é igual em todas as sub-janelas
- Deve dedicar a maior parte do tempo apenas a sub-janelas potencialmente positivas.
- Um classificador simples de 2 características pode atingir quase 100% de taxa de deteção com 50% de taxa FP.
- Esse classificador pode atuar como uma primeira camada de uma série para filtrar as janelas mais negativas
- A segunda camada, com 10 características, pode lidar com as janelas negativas "mais difíceis" que sobreviveram à primeira camada, e assim por diante...
- Uma cascata de classificadores gradualmente mais complexos atinge taxas de deteção ainda melhores. A avaliação dos classificadores fortes gerados pelo processo de aprendizagem pode ser efectuada rapidamente, mas não é suficientemente rápida para ser executada em tempo real. Por esta razão, os classificadores fortes são organizados numa cascata por ordem de complexidade,

em que cada classificador sucessivo é treinado apenas nas amostras seleccionadas que passam pelos classificadores anteriores. Se, em qualquer fase da cascata, um classificador rejeitar a sub-janela que está a ser inspeccionada, não é efectuado mais nenhum processamento e continua-se a procurar a sub-janela seguinte (ver figura à direita). A cascata tem, portanto, a forma de uma árvore degenerada. No caso dos rostos, o primeiro classificador da cascata - chamado operador de atenção - utiliza apenas duas características para atingir uma taxa de falsos negativos de aproximadamente 0% e uma taxa de falsos positivos de 40%. O efeito deste classificador único é reduzir para cerca de metade o número de vezes que toda a cascata é avaliada.

Na classificação em cascata, cada fase é constituída por um classificador forte. Assim, todas as características são agrupadas em várias fases, em que cada fase tem um determinado número de características. A tarefa de cada fase é determinar se uma dada sub-janela não é definitivamente uma face ou se pode ser uma face. Uma dada sub-janela é imediatamente descartada como não sendo uma face se falhar em qualquer uma das fases.

Apresenta-se de seguida um quadro simples para a formação em cascata:

- O utilizador selecciona valores para f, a taxa máxima aceitável de falsos positivos por camada, e d, a taxa mínima aceitável de deteção por camada.

- O utilizador selecciona o objetivo da taxa global de falsos positivos F.

- P = conjunto de exemplos positivos

- N = conjunto de exemplos negativos

- $F(0) = 1.0; D(0) = 1.0; i = 0$

A arquitetura em cascata tem implicações interessantes para o desempenho dos classificadores individuais. Porque a ativação de cada classificador depende inteiramente

no comportamento do seu antecessor, a taxa de falsos positivos para uma cascata inteira é:

$$F = \prod_{i=1}^{K} f_i.$$ (4.5)

Da mesma forma, a taxa de deteção é:

$$D = \prod_{i=1}^{K} d_i.$$ 4.6)

Assim, para igualar as taxas de falsos positivos tipicamente alcançadas por outros detectores, cada classificador pode ter um desempenho surpreendentemente fraco. Por exemplo, para que uma cascata de 32 etapas atinja uma taxa de falsos positivos de 10^{-6} , cada classificador só precisa de atingir uma taxa de falsos positivos de cerca de 65%. Ao mesmo tempo, porém, cada classificador tem de ser excecionalmente capaz para atingir taxas de deteção adequadas. Por exemplo, para atingir uma taxa de deteção de cerca de 90%, cada classificador na cascata acima mencionada tem de atingir uma taxa de deteção de aproximadamente 99,7%.

4.1.3.1 Vantagens do algoritmo de Viola-Jones:

- Cálculo de características extremamente rápido

- Seleção eficiente de características

- Detetor invariante em termos de escala e localização

- Em vez de escalar a própria imagem (por exemplo, filtros de pirâmide), escalamos as características.

- Este esquema de deteção genérico pode ser treinado para a deteção de outros tipos de objectos (por exemplo, carros, mãos)

4.1.3.2 Desvantagens do algoritmo de Viola-Jones:

- O detetor é mais eficaz apenas em imagens frontais de rostos

- Dificilmente pode suportar uma rotação da face de 45° em torno do eixo vertical e horizontal.

- Sensível às condições de iluminação

- Podemos obter várias detecções do mesmo rosto, devido à sobreposição de sub-janelas.

4.1.4 Melhorias em relação ao Algoritmo de Viola-Jones

- Um algoritmo melhorado para o detetor de objectos Viola-Jones
- Implementação em MATLAB do algoritmo de Viola-Jones
- Implementação OpenCV do algoritmo de Viola-Jones
- Deteção de cascata Haar em OpenCV
- Treinamento do classificador em cascata no OpenCV
- Citações do algoritmo de Viola-Jones no Google Scholar
- Implementação do Algoritmo de Deteção de Rosto Viola-Jones por Ole Helvig Jensen
- Explicação do AdaBoost a partir da apresentação em power point de Qing Chen, Discovery Labs, Universidade de Ottawa e de uma palestra em vídeo de Ramsri Goutham.

4.2 Sistema de deteção de objectos em cascata de visão Objeto

4.2.1 Descrição

O detetor de objectos em cascata utiliza o algoritmo Viola-Jones para detetar rostos, narizes, olhos, boca ou parte superior do corpo de pessoas. Também podemos utilizar o Etiquetador de imagens de treino para treinar um classificador personalizado para utilizar com este objeto do sistema. Para obter detalhes sobre como a função funciona, consulte Treinar um detetor de objectos em cascata.

4.2.2 Construção

- Detetor = visão. O Detetor de Objectos em Cascata cria um detetor de objectos do sistema que detecta objectos utilizando o algoritmo Viola-Jones. A propriedade Modelo de Classificação controla o tipo de objeto a detetar. Por predefinição, o detetor está configurado para detetar rostos.

- Detetor = visão. O Detetor de objectos em cascata (MODELO) cria um detetor de objectos do sistema configurado para detetar objectos definidos pela cadeia de entrada MODELO.

- A entrada MODELO descreve o tipo de objeto a detetar. Existem várias cadeias de caracteres MODEL válidas, tais como 'Frontal Face CART', 'Upper Body' e 'Profile Face'. Consulte a descrição da propriedade Modelo de Classificação para obter uma lista completa dos modelos disponíveis.

- Detetor = visão O Cascade Object Detetor (XML FILE) cria um detetor de objectos do sistema e configura-o para utilizar o modelo de classificação personalizado especificado com a entrada XML FILE. O ficheiro XML pode ser criado utilizando a função de formação do Cascade Object Detetor ou a funcionalidade de formação OpenCV (Open Source Computer Vision). É necessário especificar um caminho completo ou relativo para o Ficheiro XML, se este não estiver no caminho do MATLAB®.

- Detetor = visão. Detetor de objectos em cascata (*Nome*, *Valor*) configura as propriedades do objeto do detetor de objectos em cascata. Especificamos estas propriedades como um ou mais argumentos de pares nome-valor. As propriedades não especificadas têm valores predefinidos

4.2.3 Deteção de características

i. Definir e configurar o detetor de objectos em cascata utilizando o construtor.

ii. Chame o método step com a imagem de entrada, I, o objeto em cascata detetor, detetor, pontos PTS, e quaisquer propriedades opcionais. Ver a sintaxe abaixo para utilizar o método step.

Utilize a sintaxe da etapa com a imagem de entrada, I, o objeto detetor de objectos em cascata selecionado e quaisquer propriedades opcionais para efetuar a deteção.

a. BBOX = passo (detetor, I) devolve BBOX, uma matriz *M por 4*

que define as caixas *de delimitação* que contêm os objectos detectados. Este método efectua a deteção de objectos multiescala na imagem de entrada, I. Cada linha da matriz de saída, BBOX, contém um vetor de quatro elementos, [x y largura altura], que especifica, em pixels, o canto superior esquerdo e o tamanho de uma caixa delimitadora. A imagem de entrada I tem de ser uma imagem em tons de cinzento ou de cor verdadeira (RGB).

b. BBOX = step (detetor, I, roi) detecta objectos dentro da região de pesquisa retangular especificada por roi. Temos de especificar roi como um vetor de 4 elementos, [x y largura altura], que define uma região retangular de interesse dentro da imagem I. Defina a propriedade 'Utilizar ROI' como verdadeira para utilizar esta sintaxe.

4.2.4 Propriedades

Modelo de Classificação - modelo de classificação em cascata treinado especificado como um par separado por vírgulas que consiste em 'Modelo de Classificação' e uma cadeia de caracteres. Este valor define o modelo de classificação para o detetor. Podemos definir esta cadeia de caracteres para um ficheiro XML que contenha um modelo de classificação personalizado ou para uma das cadeias de caracteres de modelo válidas indicadas abaixo. Podemos treinar um modelo de classificação personalizado usando a função train Cascade Object Detetor. A função pode treinar o modelo utilizando características do tipo Haar, histogramas de gradientes orientados (HOG) ou padrões binários locais (LBP).

- Face Frontal (CART)
- Face Frontal (LBP)
- Parte superior do corpo
- Par de olhos
- Olho único
- SingleEye(CART)
- Rosto do perfil

- Boca

- Nariz

MinSize - Tamanho do objeto detetável mais pequeno como um par separado por vírgulas constituído por 'MinSize' e um vetor de dois elementos [altura e largura]. Defina esta propriedade em pixels para a região de tamanho mínimo que contém um objeto. Ela deve ser maior ou igual ao tamanho da imagem usada para treinar o modelo. Utilize esta propriedade para reduzir o tempo de cálculo quando soubermos o tamanho mínimo do objeto antes de processar a imagem. Quando não especificamos um valor para esta propriedade, o detetor define-o como o tamanho da imagem utilizada para treinar o modelo de classificação. Esta propriedade pode ser ajustada.

MaxSize - Tamanho do maior objeto detetável como um par separado por vírgulas que consiste em 'MaxSize' e um vetor de dois elementos [altura e largura]. Especifique o tamanho em pixels do maior objeto a detetar. Utilize esta propriedade para reduzir o tempo de cálculo quando souber o tamanho máximo do objeto antes de processar a imagem. Quando não especificamos um valor para esta propriedade, o detetor define-o como tamanho (I). Esta propriedade pode ser ajustada.

Fator de escala - Escala para deteção de objetos em várias escalas especificada como um par separado por vírgulas que consiste em 'Fator de escala' e um valor maior que 1,0001. O fator de escala aumenta a resolução da deteção entre MinSize e MaxSize. Podemos definir o fator de escala para um valor ideal utilizando: tamanho (I)/ (tamanho (I)-0.5).O detetor dimensiona a região de pesquisa em incrementos entre MinSize e MaxSize utilizando a seguinte relação: região de pesquisa = round ((Training Size)*(Scale Fator (N)) N é o incremento atual, um número inteiro superior a zero, e Training Size.

Merge Threshold (Limiar de fusão) - Limiar de deteção especificado como um par separado por vírgulas que consiste em "Merge Detections" (Fundir detecções) e um número inteiro escalar. Este valor define os critérios necessários para declarar uma deteção final numa área onde existem várias detecções em torno de um objeto. Os grupos de detecções colocadas que satisfazem o limiar são fundidos para produzir uma caixa delimitadora em torno do objeto alvo. O aumento deste limiar pode ajudar a suprimir as falsas detecções, exigindo que o objeto alvo seja detectado várias vezes durante a fase de deteção multi-escala.

Quando definimos esta propriedade como 0, todas as detecções são devolvidas sem realizar a operação de limiarização ou fusão. Esta propriedade pode ser ajustada.

Usar ROI - Usar região de interesse false (predefinição) │ true usar região de interesse, especificado como um par separado por vírgulas que consiste em "Usar ROI" e um escalar lógico. Defina esta propriedade como true para detetar objectos dentro de uma região de interesse retangular na imagem de entrada.

4.3 NNTRAINTOOL

É a forma abreviada da ferramenta de treino da rede neural. Esta caixa de ferramentas ajuda principalmente a treinar os valores de saída obtidos para cada imagem facial; é mostrada na Figura 4.2

Sintaxe

- nntraintool

- nntraintool fechar

- nntraintool('close')

4.3.1 Descrição do Nntraintool

Esta função pode ser chamada para tornar a GUI de formação visível antes da formação ter ocorrido, após a formação se a janela tiver sido fechada, ou apenas para trazer a GUI de formação para a frente. As funções de treino da rede tratam de toda a atividade dentro da janela de treino. Para aceder a gráficos úteis adicionais, relacionados com a rede atual ou com a última rede treinada, durante ou após o treino, clique nos respetivos botões na janela de treino. Nntraintool close ou nntraintool ('fechar') fecha a janela de treinamento. O fluxo de trabalho do processo de projeto da rede neural tem sete etapas principais:

1. Recolher dados

2. Criar a rede

3. Configurar a rede

4. Inicializar os pesos e as polarizações

5. Treinar a rede

6. Validar a rede

7. Utilizar a rede

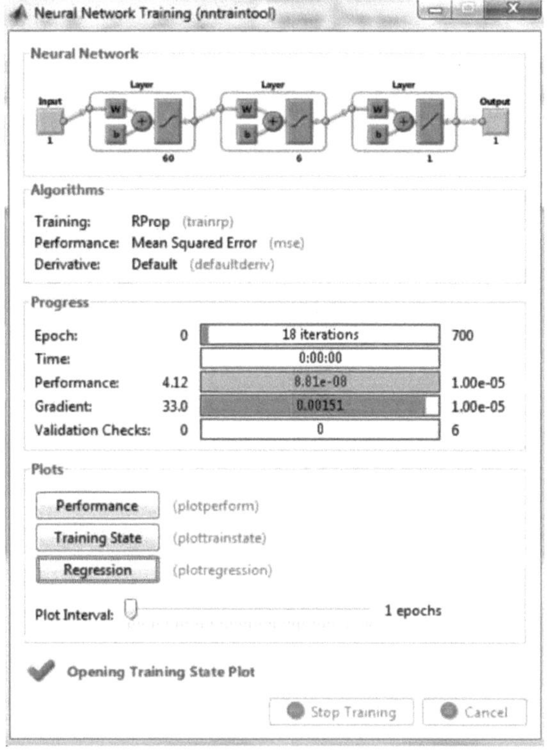

Figura 4.2 Treino da rede neuronal nntraintool

- O software Neural Network Toolbox usa o objeto de rede para armazenar todas as informações que definem uma rede neural.

- Depois de uma rede neural ter sido criada, é necessário configurá-la e depois treiná-la.

- A configuração consiste em organizar a rede de modo a que esta seja compatível com o problema que se pretende resolver, tal como definido pelos dados de amostra.

- Após a configuração da rede, os parâmetros ajustáveis da rede (chamados pesos e polarizações) precisam ser ajustados, para que o desempenho da rede seja otimizado. Esse processo de ajuste é chamado de treinamento da rede.

- A configuração e a formação exigem que a rede seja dotada de dados de exemplo.

CAPÍTULO 5
RESULTADOS E DISCUSSÃO

5.1 Resultados do reconhecimento facial

Após a deteção dos componentes faciais, é efectuada uma medição das distâncias entre eles para criar o vetor de características em MatLab™. Este é o resultado do sistema utilizado para ser comparado com outro vetor de outras faces para verificar se as 2 faces são idênticas ou não para fazer parte de um sistema de reconhecimento. Após a deteção da região do rosto e dos componentes do rosto, o passo seguinte consiste em medir as distâncias entre estes componentes para serem utilizados na identificação dos rostos. Quanto mais exactas forem as medições, melhor será o processo de identificação. São medidas seis distâncias entre as características extraídas, como se mostra na Figura 5.1 e na Figura 5.2.

Clis a distância do centro do olho esquerdo ao centro do olho

C2 é a distância do centro do olho direito ao centro do olho

C3 é a distância do centro do olho esquerdo ao centro da boca

C4 é a distância do centro do olho direito ao centro da boca

C5 é a distância do centro do olho esquerdo ao centro do nariz C6 é a distância do centro do olho esquerdo ao centro do nariz

Depois de encontrar todas estas distâncias, as características representativas finais são extraídas como rácios entre as distâncias acima referidas. De seguida, apresentamos as 6 características utilizadas no nosso sistema:

R1=(c1+c2)/c3;

R2=c5/c6;

R3= (c3/c4);

R= [R1,R2,R3];

R= (soma(R));

Finalmente, na etapa de correspondência, todas as características são comparadas com o vetor de características de entrada.

Considera-se que as faces de teste pertencem à mesma pessoa se todas excederem 90% de distância

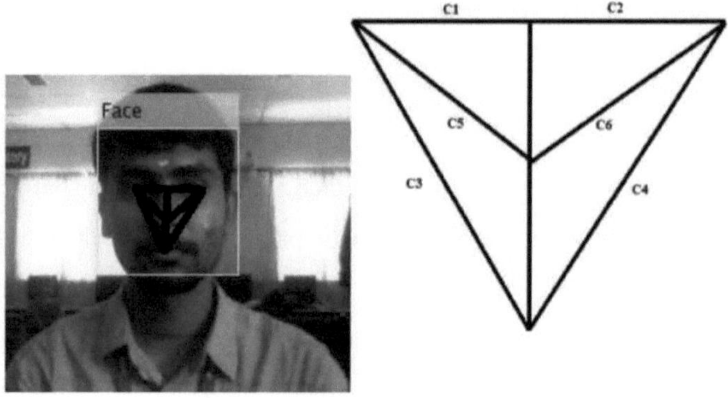

Figura 5.1 Rosto recortado mostrando as distâncias entre cada componente do rosto.

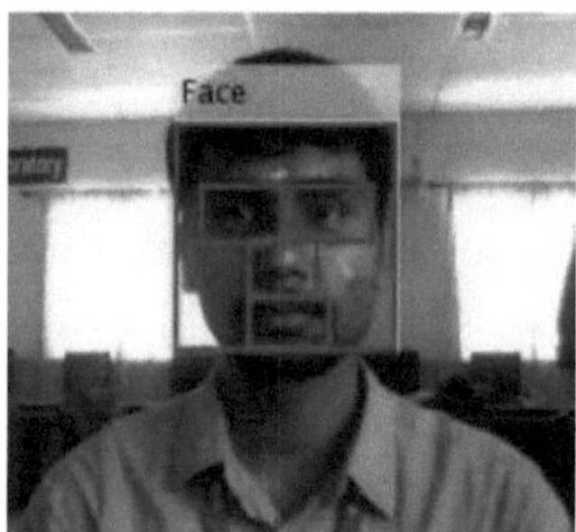

Figura 5.2 Rosto recortado mostrando as distâncias detectadas

5.2 Resultados da rede neural

Após o processo de armazenamento das imagens, temos de as treinar para melhorar a precisão e reduzir a falta de correspondência com outros valores de pessoas diferentes. Os resultados da rede neural treinada e o número de épocas utilizadas são apresentados nas Figuras 5.3, 5.4 e 5.5 para indicar a sua precisão.

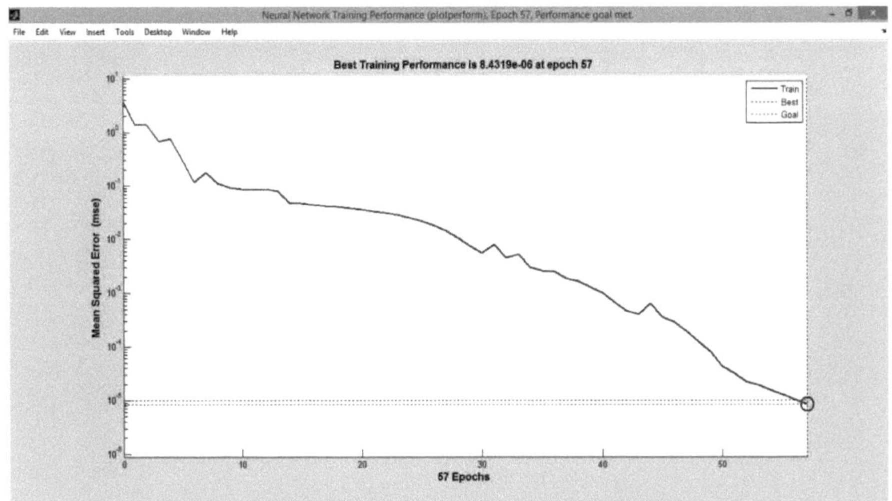

Figura 5.3 Desempenho da rede neural (em épocas)

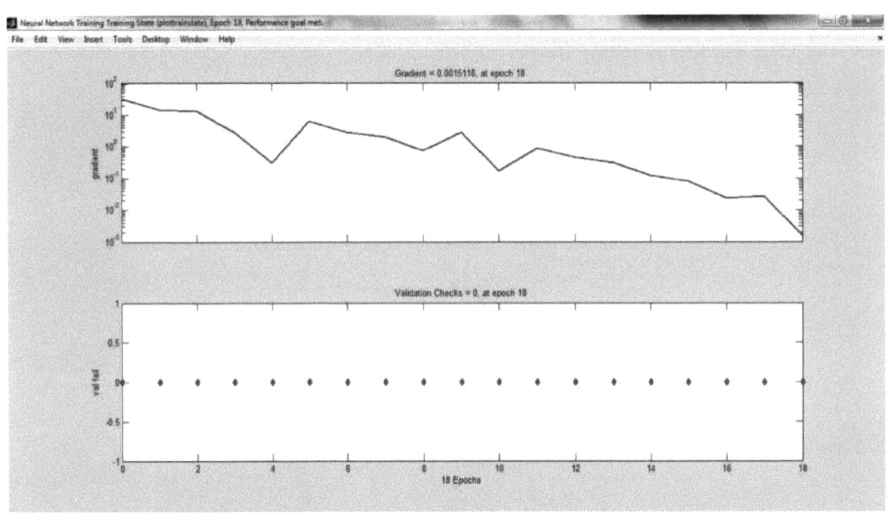

Figura 5.4 Resultados do estado de treino da rede neural (em épocas)

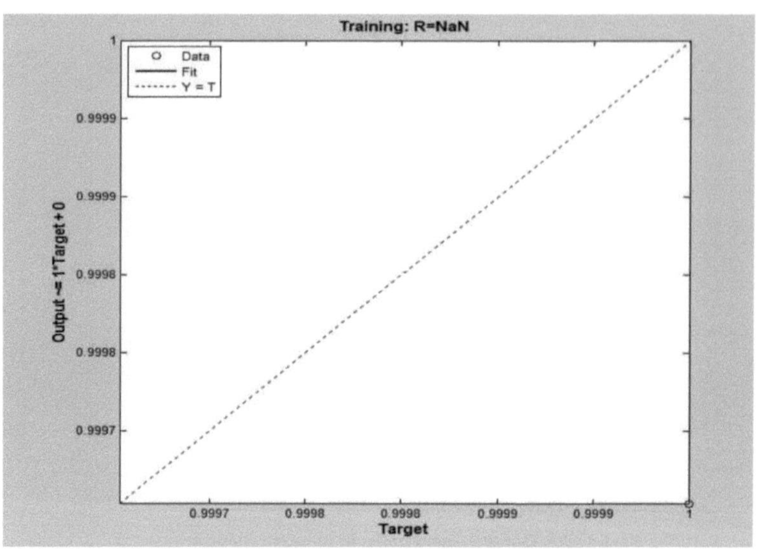

Figura 5.5 Gráfico de regressão da análise de desempenho treinada

5.3 Resultados em tempo real

Os resultados das imagens em tempo real são apresentados nas Figuras 5.6, 5.7 e 5.8

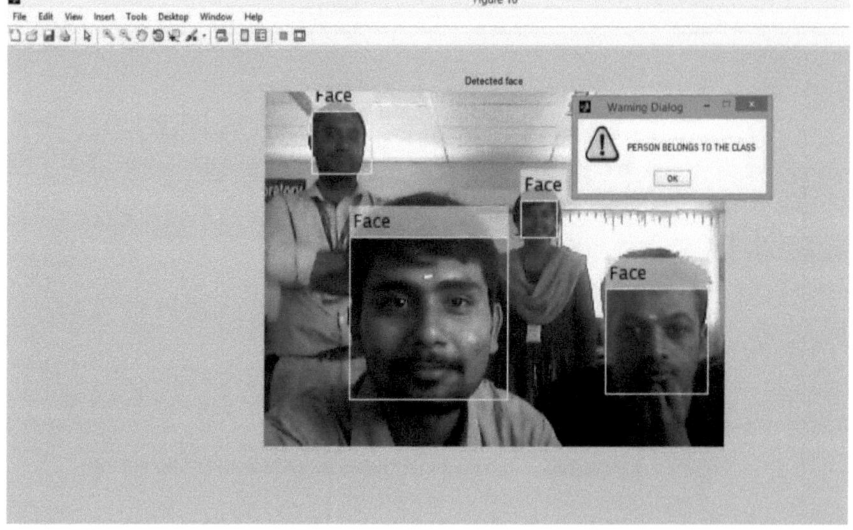

Figura 5.6 Saída do programa principal (para o presente)

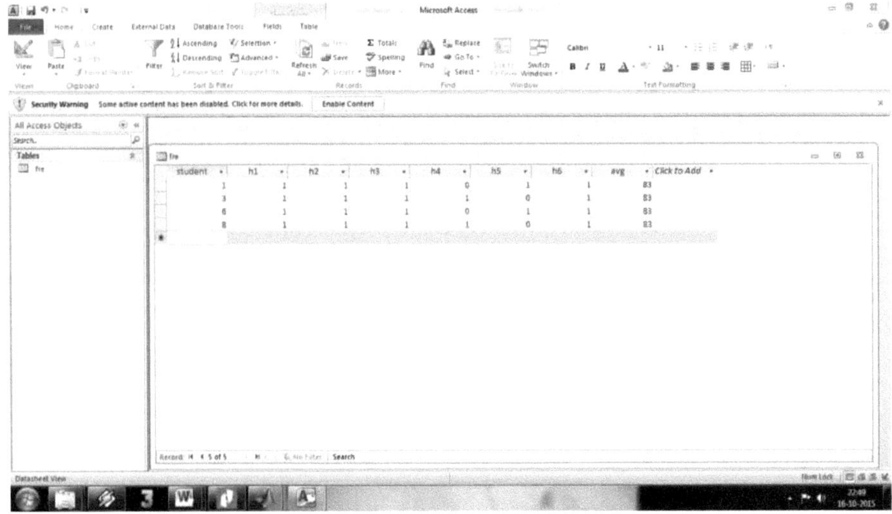

Figura 5.7 Frequência actualizada dos alunos reconhecidos

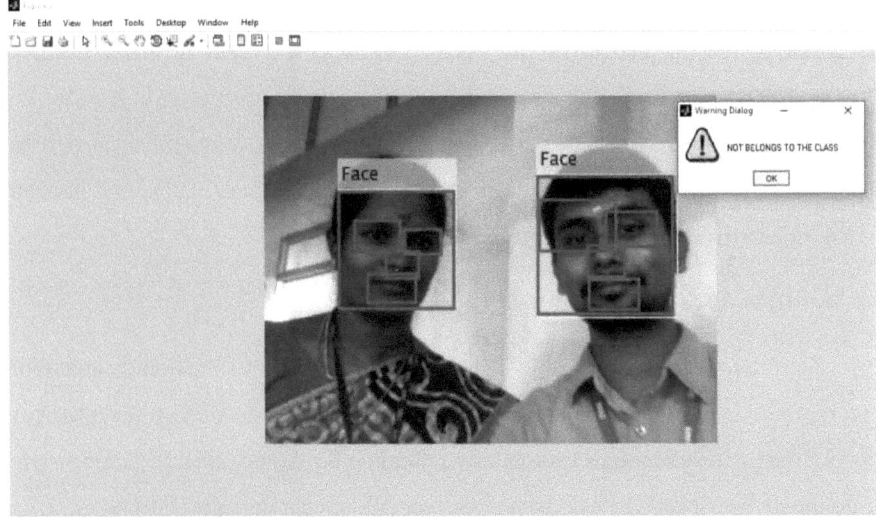

Figura 5.8 Saída do programa principal (para não pertence à classe)

CAPÍTULO 6
CONCLUSÃO E ÂMBITO FUTURO

6.1 Conclusão

O trabalho atual centra-se no método para obter os diferentes pesos de cada face focada com base na localização. É extraído um método geométrico para calcular a direção do olhar com base nas propriedades de simetria de certas características faciais. Os métodos propostos permitiram uma deteção bastante boa das características faciais. Foram incluídos exemplos que demonstram o sucesso dos vários métodos propostos, bem como críticas quando falham. Neste artigo, propusemos uma estrutura completa para um sistema de identificação exacta da face humana. O rosto não só é detectado com este algoritmo, mas também a distância dos caracteres faciais. Também é detectada em imagens a cores e em escala de cinzentos em condições variáveis. A taxa de sucesso no reconhecimento do rosto é de cerca de 93% a 95% e na identificação do rosto é de 99%. A taxa de erro do sistema foi de cerca de 5-7%. A utilização de 6 distâncias entre rostos foi suficiente para distinguir rostos, e a utilização de mais distâncias pode melhorar o resultado. Este reconhecimento facial também é utilizado para o processo de registo da assiduidade dos alunos.

6.2 Âmbito de aplicação futuro

No futuro, o reconhecimento de múltiplas faces pode ser melhorado através da integração do serviço de transmissão de vídeo e do sistema de arquivo de aulas, para proporcionar aplicações mais profundas no domínio do ensino à distância, do sistema de gestão de cursos (CMS) e do apoio ao desenvolvimento do corpo docente (FD).

REFERÊNCIAS

1. Amr El Maghraby, Mahmoud Abdalla, Othman Enany e Mohamed e Y. El Nahas (2013), 'Hybrid Face Detection System Using Combination of Viola - Jones Method and Skin Detection', International Journal of Computer Applications,Vol.71, No.6, pp.15-22.

2. Fatma Zohra Chelali e Amar Djeradi (2014), 'Face Recognition System Using Neural Network with Gabor and Discrete Wavelet Transform Parameterization', IEEE Inte. Conf, of Soft Comp. and Patt. Reco., pp.17 - 24.

3. Hayet Boughrara, Mohamed Chtourou, Chokri Ben Amar e Liming Chen (2014), 'MLP Neural Network Using Modified Constructive Training Algorithm: Application to Face Recognition", IEEE Inte. Imag. Proc. Appl. and Syst. Conf., pp.1 - 6.

4. Ijaz Khan, Hadi Abdullah e Mohamed Shamian Bin Zainal (2013), "Efficient Eyes and Mouth Detection Algorithm Using Combination of Viola Jones and Skin Colour Pixel Detection", International Journal of Engineering and Applied Sciences, Vol.3, No.4, pp.51-60.

5. M. Gargesha e S. Panchanathan (2002), "A Hybrid Technique for Facial Feature Point Detection", IEEE Proc. ofSSIAI, pp. 134-138.

6. Noura A. Semary e Ahmed Fawzi Gad (2014), A Proposed Framework for Robust Face Identification System', Comp.Engi.and Syst., (ICCES), pp.62 - 67.

7. Poonam Sharma, Ram N. Yadav e Karmveer V. Arya (2015), PoseInvariant Face Recognition Using Curvelet Neural Network', The Institution ofEngineering and Technology Journal 2015, Vol.2, No.3,pp. 128-138.

8. Priyanka Dhoke e M.P. Parsai (2015), "A MATLAB Based Face Recognition Using PCA with Back Propagation Neural network" International Journal of Innovative Research in computer and Communication Engineering, Vol.8, No.2, pp. 89-95.

9. Rafael C. Gonzalez, Richard E. Woods e Steven L. Eddins (2004), "Digital Image Processing Using MATLAB" da Pearson Education.

10. Ranjana Sikarwar, Arun Agrawal e Shivpratap Singh Kushwah (2015), "A Hybrid Approach to Face Detection and Feature Extraction", IOSR Journal of ComputerEngineering, Vol.17, No.2, pp.78-82.

11. Venus AlEnzi, Mohanad Alfiras e Falah Alsaqre (2011), 'Face Recognition Algorithm Using Two Dimensional Principal Component Analysis Based on Discrete Wavelet Transform', Digi. Info. Proc. and Comm., pp. 426-438.

12. Viola P e M. J. Jones (2004), Robust Real-Time Face Detection, International Journal of Computer Vision, Vol.57, No.2, pp.137-154.

13. W. Zhao, R. Chellappa, P. J. Phillips e A. Rosenfeld (2002), Face recognition: a literature survey," Technical Report CAR-TR-948, Centre for AutomationResearch, University of Maryland.

14. Yi-Qing Wang (2014), "An Analysis of the Viola-Jones Face Detection Algorithm", Image Processing On-Line, pp. 128-148.

15. https: //s-media-cacheak0.pinimg.com

I want morebooks!

Buy your books fast and straightforward online - at one of world's fastest growing online book stores! Environmentally sound due to Print-on-Demand technologies.

Buy your books online at
www.morebooks.shop

Compre os seus livros mais rápido e diretamente na internet, em uma das livrarias on-line com o maior crescimento no mundo! Produção que protege o meio ambiente através das tecnologias de impressão sob demanda.

Compre os seus livros on-line em
www.morebooks.shop

Printed by Books on Demand GmbH, Norderstedt / Germany